essentials

Thomas Binz

Biologische Sicherheit im Labor

Ein kompakter Überblick für Studierende und Technische Assistenzen

Thomas Binz
Sektion Biologische Sicherheit
und Humangenetik, Bundesamt für
Gesundheit
Bern, Schweiz

ISSN 2197-6708   ISSN 2197-6716   (electronic)
essentials
ISBN 978-3-658-22894-1   ISBN 978-3-658-22895-8   (eBook)
https://doi.org/10.1007/978-3-658-22895-8

Die Deutsche Nationalbibliothek verzeichnet diese Publikation in der Deutschen Nationalbibliografie; detaillierte bibliografische Daten sind im Internet über http://dnb.d-nb.de abrufbar.

Springer Spektrum

Springer Spektrum ist ein Imprint der eingetragenen Gesellschaft Springer Fachmedien Wiesbaden GmbH und ist ein Teil von Springer Nature
Die Anschrift der Gesellschaft ist: Abraham-Lincoln-Str. 46, 65189 Wiesbaden, Germany

Was Sie in diesem *essential* finden können

- Eine Einführung in die Grundelemente der Konzepte der biologischen Sicherheit in Laboratorien unter besonderer Berücksichtigung der europäischen rechtlichen Grundlagen,
- eine praxisorientierte Darstellung wesentlicher Aspekte der biologischen Risikobewertung sowie die gezielte Angabe einschlägiger, anwendungsfreundlicher Literatur.

Vorwort

Der vorliegende Text soll in kurzer und anschaulicher Weise einen Überblick über die biologische Sicherheit im Laborbereich geben. Der Leser soll die Möglichkeit bekommen, sich mit den wichtigsten gesetzlichen Texten und den Elementen des Laboratoriums, die im Hinblick auf die biologische Sicherheit besonders relevant sind, vertraut zu machen. Er soll dazu beitragen, die Inhalte dieses Gebiets für den Studienanfänger und angehende Labormitarbeiterinnen und -mitarbeiter einzuführen und verständlich zu machen. Wo bereits einschlägige und detaillierte Anleitungen, Empfehlungen und Handbücher auf nationaler wie internationaler Ebene bestehen, habe ich darauf verzichtet, diese Inhalte noch einmal darzustellen. Vielmehr habe ich versucht, auf die wichtigsten Werke zu verweisen, ohne aber das Literaturverzeichnis zu überlasten. Der Leser wird sich, sollte er diese Dokumente ebenfalls studieren, ein genügend tiefes Verständnis der jeweiligen Themen aneignen können. Aufgrund des hohen Stellenwertes der Risikobewertung und der eher knappen Verfügbarkeit einschlägiger Literatur habe ich einen beträchtlichen Teil des Textes dem Verfahren der Risikobewertung gewidmet. Insbesondere habe ich versucht, den gesetzlich verankerten Mechanismus anhand zahlreicher Beispiele konkret und anschaulich zu gestalten. Herzlich danken möchte ich Astrid Smola für ihre hilfreichen Kommentare und Vorschläge zu diesem Text.

Thomas Binz

Inhaltsverzeichnis

Einleitung 1

In der biomedizinischen Forschung, in diagnostischen Laboratorien oder in Produktionsanlagen wird mit Mikroorganismen umgegangen. Forschungsarbeiten zielen darauf ab, die Funktionsweise eines Mikroorganismus zu verstehen, seine Bestandteile zu untersuchen und herauszufinden, durch welche physikalischen, physiologischen und molekularen Mechanismen er mit anderen Mikroorganismen in Wechselwirkung steht. Zu diesem Zweck müssen die Mikroorganismen oft mithilfe von Nährlösungen gezüchtet oder in Zellen kultiviert werden. Ebenfalls wird sehr häufig das Erbmaterial des zu untersuchenden Mikroorganismus mit gentechnischen Methoden verändert, um die Funktion der Gene zu untersuchen. In der medizinisch-mikrobiologischen Diagnostik werden die Mikroorganismen ebenfalls häufig kultiviert, um die Anwesenheit eines bestimmten Erregers nachzuweisen und somit den klinischen Befund zu bestätigen. In Produktionsanlagen werden die Mikroorganismen in großem Maßstab gezüchtet, um entweder den Mikroorganismus selbst anzureichern oder mithilfe seines Stoffwechsels eine bestimmte Substanz zu produzieren.

Diese Tätigkeiten sind mit einem je nach Umständen unterschiedlich großem Risiko für die Beschäftigten, die Bevölkerung oder die Umwelt verbunden. Einerseits kann es sein, dass bestimmte Erreger, die sich in großen Mengen im Laboratorium befinden, nach Außen verschleppt werden. Dies kann beispielsweise durch die Ansteckung einer Mitarbeiterin oder eines Mitarbeiters, der in der Folge andere Personen (Kolleginnen oder Kollegen, Angehörige) ansteckt, oder durch die Ableitung der Mikroorganismen in das Abwasser geschehen. Andererseits können Mikroorganismen, die im Labor genetisch verändert werden, über die Luft oder das Abwasser nach Außen gelangen und sich in der Umwelt verbreiten, ohne dass sie notwendigerweise pathogen für Menschen, Tiere oder Pflanzen sind.

© Springer Fachmedien Wiesbaden GmbH, ein Teil von Springer Nature 2018   1
T. Binz, *Biologische Sicherheit im Labor,* essentials,
https://doi.org/10.1007/978-3-658-22895-8_1

Die biologische Sicherheit befasst sich mit den Risiken, die von einer bestimmten Tätigkeit mit Mikroorganismen ausgehen und mit den Maßnahmen, die zu treffen sind, damit Mitarbeiterinnen und Mitarbeiter, die Bevölkerung und die Umwelt vor den möglichen Auswirkungen der Tätigkeiten mit Mikroorganismen geschützt bleiben. Gleichzeitig sollen die Maßnahmen, die zur Gewährleistung der biologischen Sicherheit getroffen werden, den Umgang mit Mikroorganismen nicht verhindern und im Verhältnis mit den vorhandenen Risiken stehen.

Mit diesem Text soll ein kurzes, praktisches Mittel angeboten werden, das primär Studenten sowie Labormitarbeiterinnen und Labormitarbeitern ermöglichen soll, einen Überblick über die bestehenden Anforderungen der biologischen Sicherheit, unter Berücksichtigung der einschlägigen EU-Rechtsnormen in Laboratorien zu gewinnen. Der bereitgestellte Inhalt soll den Betroffenen dabei helfen, wichtige Informationen in kompakter Form an der Hand zu haben sowie eine Übersicht einschlägiger Richtlinien und Empfehlungen zu erhalten.

Risikobewertung 2

2.1 Informationen zur Risikobewertung

Entsprechend ihrem Risikopotenzial werden Mikroorganismen, die beim Menschen Krankheiten auslösen können, in vier verschiedene Risikogruppen eingeteilt. Die Gruppen sind wie folgt definiert [1]:

Risikogruppe 1
Mikroorganismen der Risikogruppe 1 sind Mikroorganismen, bei denen es unwahrscheinlich ist, dass sie beim Menschen eine Krankheit verursachen.

Risikogruppe 2
Mikroorganismen der Risikogruppe 2 sind Mikroorganismen, die eine Krankheit beim Menschen hervorrufen können. Eine Verbreitung des Mikroorganismus in der Bevölkerung ist unwahrscheinlich. Eine wirksame Vorbeugung oder Behandlung ist normalerweise möglich.

Risikogruppe 3
Mikroorganismen der Risikogruppe 3 sind Mikroorganismen, die eine schwere Krankheit beim Menschen hervorrufen können. Die Gefahr einer Verbreitung in der Bevölkerung kann bestehen, jedoch ist normalerweise eine wirksame Vorbeugung oder Behandlung möglich.

Risikogruppe 4
Mikroorganismen der Risikogruppe 4 sind Mikroorganismen, die eine schwere Krankheit beim Menschen hervorrufen. Die Gefahr einer Verbreitung in der

© Springer Fachmedien Wiesbaden GmbH, ein Teil von Springer Nature 2018
T. Binz, *Biologische Sicherheit im Labor*, essentials,
https://doi.org/10.1007/978-3-658-22895-8_2

Bevölkerung ist unter Umständen groß und eine wirksame Vorbeugung oder Behandlung normalerweise nicht möglich.

Das Kernstück für die Beurteilung eines biologischen Risikos ist der Mikroorganismus selbst und seine Eigenschaften. Natürlich sind nicht alle Eigenschaften im gleichen Ausmaß relevant. Zum Beispiel ist die Fähigkeit eines Erregers, bei einem Menschen eine Krankheit auslösen zu können, in Bezug auf das biologische Risiko viel höher zu gewichten als die Fähigkeit, molekularen Wasserstoff zu produzieren. Aus diesem Grund wurden verschiedene Eigenschaften festgelegt, die für das biologische Risiko eine Rolle spielen. Bei der Einteilung der Mikroorganismen in die Risikogruppen werden in der Regel die folgenden Kriterien berücksichtigt [2, 3]:

Pathogenität und Letalität
Die **Pathogenität** ist die Fähigkeit eines Mikroorganismus, Krankheiten auszulösen. Pathogene Keime können im Prinzip drei verschiedene Reaktionen des Wirts verursachen:

- **Intoxikation:** Erkrankung, ohne dass der Erreger selbst in den Wirtsorganismus eindringt. Der Wirtsorganismus wird durch die Aufnahme von sezernierten Toxinen gestört und geschädigt.
- **Infektion:** Der Keim dringt in den Wirtsorganismus ein. Ausmaß und Folgen einer Infektionskrankheit hängen von der Empfänglichkeit/Abwehrbereitschaft des Wirtsorganismus und von der Virulenz (=Grad der Schädlichkeit) des Erregers ab.
- **Allergie:** Überreaktion des Immunsystems des Wirtsorganismus, welches schädigende Wirkungen nach sich zieht.

Die **Letalität** ist die Sterberate (in Prozent) der Gesamtanzahl der von einer Krankheit betroffenen Personen. Pathogene Mikroorganismen lösen ja nach Art verschieden schwere Krankheiten aus. So weist zum Beispiel eine durch Streptokokken ausgelöste Lungenentzündung einen leichteren Krankheitsverlauf auf als eine Lungentuberkulose. Die Schwere der Krankheit, und nicht nur die Fähigkeit eines Mikroorganismus an sich, ist ein maßgebliches Kriterium für die Zuordnung der Mikroorganismen zu Risikogruppen. In der Regel gilt: je schwerer der Krankheitsverlauf und je geringer die Behandlungsmöglichkeiten desto größer die Tendenz einer Zuordnung zu einer höheren Risikogruppe.

Virulenz und Attenuierung

Virulenz bezeichnet das Ausmaß der Pathogenität. So können verschiedene Stämme des gleichen pathogenen Mikroorganismus verschieden starke Symptome auslösen. Unter **Attenuierung** versteht man die Reduktion der Eigenschaften eines bestimmten pathogenen Mikroorganismus, eine Krankheit auszulösen. Attenuierte Keime werden tendenziell in tiefere Risikogruppen eingeteilt während in ihrer Virulenz gesteigerte Mikroorganismen eher in höhere Risikogruppen eingestuft werden. Ein typisches Beispiel einer Attenuierung ist der Stamm K12 des Bakteriums *Escherichia coli*. Dieser ist, im Unterschied zu Wildtyp *E. coli*, nicht mehr pathogen und wird demzufolge in die RG 1 eingeteilt. Wildtyp *E. coli* werden in der Regel in die Risikogruppe 2 eingestuft (mit Ausnahme der enterohämorhagischen *E. coli* EHEC, deren Virulenz erhöht ist; Gruppe 3). Mit der Virulenz verbunden sind meistens Virulenzfaktoren. Das können Enzyme, Toxine, Adhäsionsmoleküle etc. sein. Sie beeinflussen die Möglichkeit einer Infektion oder des Krankheitsverlaufs sehr stark. Eine umfassende Datenbank über Virulenzfaktoren bei verschiedenen Bakterien wird in der Web-basierten Datenbank ‚Virulence factors of pathogenic bacteria' geführt [4].

Infektionsweg und Infektionsdosis

Der **Infektionsweg** beinhaltet die Art und Weise, wie ein pathogener Mikroorganismus übertragen wird. Ein möglicher Übertragungsweg ist über die Luft bzw. über in der Luft schwebende Staubpartikel, Dunst- oder Sekrettröpfchen. Ein anderer ist die Kontakt- oder Schmierinfektion, bei der die Keime über kontaminierte Gegenstände oder Oberflächen oder die Hände in den Wirt gelangen. Ebenfalls können Mikroorganismen durch Blut übertragen werden. Die **Infektionsdosis** ist die Menge an pathogenen Mikroorganismen, die notwendig ist, um eine Infektion zu verursachen. Unterhalb dieser Dosis kommt es zu keiner fortlaufenden Infektion und somit auch nicht zu einer Krankheit.

Abgabe von Toxinen und Allergenen

Einige pathogene Mikroorganismen können neben ihren Eigenschaften, den Wirt zu kolonisieren oder in ihn einzudringen, Toxine (Gifte) produzieren, die den Wirt schädigen. Ebenfalls können sie einige Allergene, also Allergie auslösende Substanzen, produzieren, die in der Folge das Immunsystem überreagieren lassen können und somit zu Schädigungen führen. Einige Bakterien wie z. B. *Staphylococcus aureus* oder *Clostridium botulinum* produzieren solche biologisch sehr aktive Toxine.

Reproduktive Zyklen, Überlebensstrukturen
Manche Mikroorganismen können sich nicht nur vegetativ durch Zellteilung vermehren (vegetativer Zyklus), sondern sie können auch Formen bilden, die sich nicht weiter teilen sondern in einem nicht-wachsenden Dauerzustand verbleiben (reproduktiver Zyklus). Zum Beispiel ist bei verschiedenen Bazillusarten die mit dem reproduktiven Zyklus einhergehende Sporenbildung verbreitet. Die Sporen sind meistens resistenter und können bei ungünstigen Lebensbedingungen (hohe Temperaturen, UV-Licht) länger überleben. Je nach Möglichkeit der Produktion von dauerhaften Überlebensstrukturen müssen bestimmte Maßnahmen ergriffen werden. Zum Beispiel können diese Formen gegenüber Desinfektionsmittel resistenter sein als vegetative Zellen. Oder die Sporen könnten über Aerosole besser verteilt und übertragen werden.

Wirtsspektrum
Das Wirtsspektrum schließt die Anzahl der möglichen Arten von Wirtsorganismen für einen pathogenen Mikroorganismus ein. Das Wirtsspektrum kann je nach Erreger stark variieren. Bei zoonotischen Erregern können zum Beispiel neben dem Menschen auch bestimmte Wirbeltiere durch den gleichen pathogenen Mikroorganismus infiziert werden. Bei Viren ist das Wirtsspektrum mit dem Wirtstropismus (Zelltyptropismus) gleichgestellt. Demnach können viele Viren nur ganz wenige Zelltypen infizieren. Je nach engem (einer oder wenige Zelltypen) oder breitem (viele Zelltypen, z. B. auch aus Tieren) Tropismus werden diese Viren ecotrop oder amphotrop genannt. Auch Zelllinien besitzen einen Tropismus und werden entsprechend benannt, je nachdem ob sie von wenigen oder vielen verschiedenen Viren infiziert werden können.

Grad der natürlichen und erworbenen Immunität des Wirtes
Unter Immunität wird der Schutz vor einer durch einen bestimmten Mikroorganismus hervorgerufenen Erkrankung verstanden. Die Immunität kann in zwei Kategorien eingeteilt werden:

- Die angeborene (natürliche) Immunabwehr stellt eine erste, unspezifische Reaktion gegen ein als körperfremd identifiziertes Agenz (Mikroorganismus) dar.
- Die erworbene (adaptive) Immunabwehr beruht auf der Erkennung des Mikroorganismus und führt zur Ausbildung eines immunologischen Gedächtnisses. Bei erneutem Kontakt mit dem Mikroorganismus wird demzufolge die spezifische, im Gedächtnis gespeicherte Immunantwort schneller mobilisiert.

Die Berücksichtigung des Immunstatus ist insbesondere bei Mitarbeiterinnen oder Mitarbeitern mit reduzierter Immunabwehr wichtig. Ebenfalls muss gegebenenfalls bei der Einteilung der pathogenen Mikroorganismen in eine Risikogruppe der Immunstatus der Bevölkerung miteinbezogen werden (insbesondere bei neu auftretenden oder eingeschleppten Mikroorganismen).

Verfügbarkeit geeigneter Prophylaxe und Therapien
Die **Prophylaxe** ist eine oder eine Anzahl von Maßnahmen, um einer Erkrankung vorzubeugen. Eine typische prophylaktische Maßnahme ist die Schutzimpfung. Eine Behandlung zur Vermeidung einer Erkrankung nach erfolgter Infektion oder dem Verdacht auf eine Exposition z. B. mit Medikamenten wird postexpositionelle Prophylaxe genannt. Die **Therapie** ist eine oder eine Anzahl von Maßnahmen, um eine bereits eingetretene Krankheit zu behandeln. Zur Therapie werden bei Infektionskrankheiten meistens Medikamente eingesetzt. Die Verfügbarkeit von prophylaktischen oder therapeutischen Maßnahmen hat auf die Einstufung pathogener Mikroorganismen in eine Risikogruppe einen großen Einfluss. So werden zum Beispiel Erreger, die sehr gefährlich sind (schwerer Krankheitsverlauf bis hin zum Tod) und gegen die keine solchen Maßnahmen existieren, in die höchste Risikogruppe (RG4) eingeteilt. Auch kann die Schwere einer Therapie Einfluss auf die Gruppierung haben.

Muster der Resistenz und Empfindlichkeit gegenüber Antibiotika sowie anderen spezifischen Agenzien
Eine **Resistenz** liegt vor, wenn bei Vorhandensein von therapeutisch aktiven Wirkstoffen (z. B. Antibiotika) die Vermehrung des Erregers nicht gestoppt wird. Der entsprechende Erreger hat seine **Empfindlichkeit** gegen diesen Wirkstoff dementsprechend verloren. Mit dem Verlust von therapeutischen Möglichkeiten gegen einen bestimmten Erreger wird seine Bekämpfung auch schwieriger. Deshalb können solche Erreger tendenziell in höhere Risikogruppen eingeteilt werden.

Mutagenität
Unter Mutagenität versteht man die durch den pathogenen Mikroorganismus ausgelöste Veränderung des Wirtsgenoms. Insbesondere verschiedene Viren besitzen die Fähigkeit, Mutationen herbeizuführen (z. B. onkogene Viren wie das Epstein-Barr-Virus EBV oder das humane Papilloma-Virus HPV).

Virusproduktion und Virusausscheidung wenn mit Zelllinien umgegangen wird

Bei der Isolation von Zelllinien aus Gewebeproben kann es sein, dass bei der Kultivierung der Zellen möglicherweise auch Viren mitkultiviert werden. Diese Möglichkeit besteht insbesondere bei primären Zellen, also Zellen aus Gewebe, das direkt von einem Spender oder einem Patienten stammt. Besondere Vorsicht ist geboten, wenn die Spender unbekannt und nicht auf die Anwesenheit von Viren, wie z. B. HIV- oder Hepatitis-B- oder -C-Virus getestet werden. Es gibt auch Zelllinien, von welchen man weiß, dass sie Viren enthalten (z. B. Epstein-Barr-Virus transformierte, immortalisierte Zellen). In bestimmten Fällen wird nachgewiesen, ob Zellen die in ihnen kultivierten Viren noch produzieren. Kann keine Virusproduktion mehr nachgewiesen werden, kann es sein dass die Zellen in eine niedrigere Risikogruppe eingeteilt werden können.

Potenzielle Kontamination mit pathogenen Mikroorganismen

Ein weiterer wichtiger Schritt bei der Risikobewertung ist die Beurteilung möglicher kontaminierender Mikroorganismen. Beispielsweise ist bekannt, dass Mykoplasmen reine Zellkulturen kontaminieren können. Oder dass im Ursprungsmaterial enthaltene Mikroorganismen (z. B. bei einer diagnostischen Tätigkeit oder bei primären Zellen) kokultiviert werden. Eine sorgfältige Abschätzung einer möglichen Kontamination ist daher sehr wichtig.

2.2 Durchführung der Risikobewertung

Ausgangspunkt der Risikobewertung ist die Zuordnung eines Mikroorganismus zu einer Risikogruppe. Es gibt verschiedene Listen, die eine solche Zuordnung aufführen. Allerdings sollte immer die meistens von den Behörden geführte Liste für das Land, in dem die Tätigkeit durchgeführt wird, konsultiert werden. Falls man mit einem Mikroorganismus, der in keiner Liste aufgeführt ist, arbeiten möchte, muss man die Gruppierung aufgrund der oben genannten Kriterien vornehmen. Wenn die Zugehörigkeit zu einer bestimmten Risikogruppe gemacht wurde, geht es darum zu beurteilen, welche Art der Tätigkeit vorgenommen wird. Dabei spielen zum Beispiel die Konzentration der Mikroorganismen oder die verwendeten Kulturvolumina oder die Produktion von Aerosolen eine Rolle.

Es gibt auch Situationen, in denen die genaue Natur des verwendeten Mikroorganismus in der Probe nicht bekannt ist. Dies trifft häufig in der medizinisch-mikrobiologischen Diagnostik auf, bei der es darum geht, einen von einigen möglichen Erregern zweifelsfrei zu identifizieren. Meistens wird ein gestuftes

Verfahren angewendet, indem eine primäre Anreicherung aus der klinischen Probe angesetzt und abhängig vom Wachstum anschließend die Identifikation auf einem reduzierten Erregerspektrum durchgeführt wird.

Ausgehend von dieser Risikobewertung, die wie oben erwähnt die Risikogruppe des verwendeten Organismus, die Art des verwendeten Materials (z. B. diagnostische Proben) und die Art der Tätigkeit und Tätigkeitsschritte (z. B. große Volumina, hohe Konzentrationen der Organismen in den Kulturen oder übermäßige Produktion von Aerosolen) einbezieht, kann die Anwendung in eine Tätigkeitsklasse eingeteilt werden. Die Zuordnung von Tätigkeiten zu Klassen (1–4) wird allerdings nur gemäß der Richtlinie für den Umgang mit genetisch veränderten Mikroorganismen [5] verlangt. Ausgehend von dieser Klasse werden entsprechende Sicherheitsmaßnahmen (Sicherheitsstufe 1–4) getroffen.

Neben den stufenspezifischen Schutzmaßnahmen werden noch andere, sogenannte allgemeine Maßnahmen getroffen. Dazu gehört zum Beispiel die gute mikrobiologische Praxis. Eine weitere allgemeine Maßnahme ist zum Beispiel die Einsetzung einer für die biologische Sicherheit beauftragten Person.

Damit die Organismen nicht durch jedes Labor von neuem in eine Risikogruppe eingeteilt werden müssen, wurden in verschiedenen Ländern Listen erstellt. Diese Listen sind auch für die Überwachung der Behörden von großem Nutzen (Tab. 2.1).

2.2.1 Beispiele für Organismen der verschiedenen Risikogruppen

Die nachfolgenden Beispiele stützen sich auf die Literaturangaben [2, 3, 11–13].

Tab. 2.1 Einige Länder, die Organismenlisten führen

Land	Bereich (humanpathogen, tierpathogen, pflanzenpathogen)	Anzahl Organismen	Referenz
EU	Human, Zoonosen	374	[6]
Kanada	Human, Zoonosen, Toxine	262	[7]
D	Human, Zoonosen	~15.000	[8, 9]
CH	Human, Zoonosen, Tierpathogene, Pflanzenpathogene	~7200	[10]

Organismen der Risikogruppe 1
Saccharomyces cerevisiae
Taxonomische Zugehörigkeit: Eukaryont, Pilz, Hefe.
Vorkommen: ubiquitär.
Krankheit: kann beim Menschen keine Krankheiten hervorrufen aber in seltenen Fällen allergen wirken.

Zelllinie HeLa
Taxonomische Zugehörigkeit: Eukaryont, menschliche Zellen.
Vorkommen: Die Zelllinie HeLa wird vor allem in der Forschung eingesetzt.
Krankheit: kann beim Menschen keine Krankheiten hervorrufen.

Organismen der Risikogruppe 2
Masernvirus
Taxonomische Zugehörigkeit: einzelsträngiges RNA-Virus, Paramyxoviridae, Morbillivirus, behüllt.
Vorkommen: Masernviren kommen praktisch nur beim Menschen vor. Primaten können auch infiziert werden, jedoch wird keine Verbreitung des Virus innerhalb der Primatenpopulationen beobachtet.
Krankheit: Das Masernvirus kann eine systemische Infektion, ausgehend vom respiratorischen Epithel des Nasopharynx, auslösen. Es kann zu schweren Komplikationen, in gewissen Fällen sogar zum Tod führen.
Übertragung: Masernviren können durch Tröpfchen oder durch direkten Kontakt von Ausscheidungen aus Nase oder Hals einer infizierten Person übertragen werden. Der direkte Kontakt ist der Hauptübertragungsweg während die Infektion durch Tröpfchen oder indirekten Kontakt seltener ist.
Behandlungsmöglichkeiten: Maserninfektionen können nicht medikamentös behandelt werden. Hingegen steht ein Lebendimpfstoff zur Prophylaxe zur Verfügung.

Streptococcus pneumoniae
Taxonomische Zugehörigkeit: Prokaryonten, Bakterien, Firmicutes.
Vorkommen: gehören zur Normalflora der Schleimhäute.
Krankheit: Rhinitis, Sinusitis, Ohrenentzündungen sowie Pneumonien (Lungenentzündung).
Übertragung: Übertragung durch Mikroaerosole ist häufig, zum Beispiel bei Husten oder Niesen, sowie über oralen Kontakt. Es kommt aber selten dadurch zu Erkrankungen, da *S. pneumoniae* bereits Teil der Schleimhautflora ist. Erkrankungen sind meist endogen bedingt.

Behandlungsmöglichkeiten: Die Behandlung mit Antibiotika (meistens Penicillin) wirkt sehr erfolgreich.

Candida albicans

Taxonomische Zugehörigkeit: Eukaryoten, Pilze.

Vorkommen: kommt in der normalen gastrointestinalen und vaginalen Flora sowie im Oropharynx vor.

Krankheit: opportunistischer Keim. Verursacht kutane Infektionen, aber auch tiefe, systemische Mykosen. Dies ist abhängig von der jeweiligen Prädisposition (zum Beispiel wenn bereits eine andere Erkrankung vorhanden ist).

Übertragung: möglich, aber Erkrankungen sind meist endogen bedingt.

Behandlungsmöglichkeiten: kutane Infektionen können durch die Anwendung von Desinfektionsmitteln oder Antimykotika (Polyene oder Azole) behandelt werden. Systemische Mykosen können ebenfalls durch Medikamente wie Polyene, Triazole oder Echinocandine behandelt werden.

Erwinia amylovora

Taxonomische Zugehörigkeit: Prokaryonten, Bakterien, Proteobakterien.

Vorkommen: Nordamerika, Europa.

Krankheit: E. amylovora befällt verschiedene Pflanzen der Familie der Rosaceen wie Birnen- und Apfelbäume sowie verschiedene Zierpflanzen (z. B. Cotoneaster sp.). Die ausgelöste Krankheit wird Feuerbrand genannt und ist an welken Blattstielen und sich braun oder schwarz färbenden Stellen an Ästen und Blättern sichtbar.

Übertragung: durch Wind, Regen, Insekten und Transport von infiziertem Pflanzenmaterial durch den Menschen.

Behandlungsmöglichkeiten: Rodung der befallenen Pflanzen, Behandlung mit Antibiotika (Streptomycin).

E. amylovora ist für den Menschen nicht pathogen (Gruppe 1).

Organismen der Risikogruppe 3
Humanes Immundefizienz-Virus (*human immunodefiency virus,* HIV)

Taxonomische Zugehörigkeit: einzelsträngiges, behülltes RNA-Virus, Retroviridiae.

Vorkommen: kommt nur beim Menschen vor.

Krankheit: Acquired immunodeficiency syndrome (AIDS), Schwächung des Immunsystems durch Infektion und Abtötung von CD4-T-Zellen. Dadurch können opportunistische Krankheitserreger sich durchsetzen und ihrerseits Krankheiten auslösen (Lungenentzündung, ausgelöst durch *Pneumocystis carinii,* Kaposi-Sarkom).

Übertragung: Sexualkontakt, Blutkontakt (über scharfe, kontaminierte Gegenstände wie z. B. Spritzen).

Behandlungsmöglichkeiten: verschiedene antivirale Medikamente, meistens in Kombination angewandt.

Bacillus anthracis

Taxonomische Zugehörigkeit: Prokaryonten, Bakterien, Firmicutes.

Vorkommen: ubiquitär, saprophytisch im Boden.

Krankheit: Milzbrand (Anthrax). *B. anthracis* befällt Haus- und Nutztiere, den Menschen und Wildtiere. Es gibt drei unterscheidbare Formen des Milzbrands: kutaner, gastrointestinaler sowie Lungenmilzbrand. Das Wachstum von *B. anthracis* auf der Haut, in den Lymphknoten, in der Lunge oder anderen Geweben führt zu Zelltod, Gewebezerstörung und letztlich zum Tod.

Übertragung: Einatmen von Sporen, Aufnahme von kontaminierten Nahrungsmittel, Kontakt der Haut mit kontaminierten Stoffen.

Behandlungsmöglichkeiten: Ein Impfstoff ist verfügbar, jedoch nur für möglicherweise exponierte Personen angezeigt (Militärpersonal, Landwirtschaft). Antibiotika bei erfolgter Infektion oder als Expositionsprophylaxe: Ciprofloxacin.

Mycobacterium tuberculosis

Taxonomische Zugehörigkeit: Prokaryonten, Bakterien, Actinobakterien.

Vorkommen: ubiquitär, als Bodensaprophyt.

Krankheit: M. tuberculosis ist der Erreger der Lungentuberkulose. Bei einer akuten Infektion antwortet der Wirtsorganismus mit einer überempfindlichen Immunreaktion, die zur Bildung von Tuberkeln führt. Die Bakterien können sich vielfach im Folgenden im ganzen Körper ausbreiten, das Gewebe schädigen und schließlich den Tod herbeiführen. In den meisten Fällen bleibt aber die Infektion lokalisiert und ist unauffällig.

Übertragung: über die respiratorische Route (Aerosole).

Behandlungsmöglichkeiten: Prophylaxe durch Schutzimpfung (BCG-Stamm). Behandlung durch Antibiotika (Streptomycin, Isonikotinsäurehydrazid).

Plasmodium falciparum

Taxonomische Zugehörigkeit: Eukaryonten, Apicomplexa.

Vorkommen: kommt ausschließlich im Menschen und in einem Mückenvektor (Anopheles) vor. Endemisch weit verbreitet (Süd- und Mittelamerika, Afrika, südlicher Teil Asiens).

Krankheit: Auslöser der Malaria tropica. *P. falciparum* infiziert Erythrozyten, die an der Oberfläche bestimmte Strukturen (knobs) ausbilden. Daher neigen sie zur Anlagerung an die Blutgefäßinnenwände. Der tödliche Verlauf ergibt sich in Folge aus Mikrozirkulationsstörungen im Gehirn oder in anderen Organen.

Übertragung: findet über den Mückenvektor statt. Beim Stich gelangen die Sporozoiten in die menschliche Blutbahn.

Behandlungsmöglichkeiten: Es gibt verschiedene Medikamente zur Prophylaxe und zur Behandlung. Diese richten sich gegen die Blutstadien von P. falciparum. Es muss aber mit Resistenzentwicklung und Nebenwirkungen gerechnet werden.

Prionen

Taxonomische Zugehörigkeit: keine eigentlichen Organismen, sondern einzelne Proteine.

Vorkommen: Mensch und Wirbeltiere.

Krankheit: Prionen entstehen, nach der sogenannten Prionhypothese, durch strukturelle Veränderungen des körpereigenen Prionproteins. Es wird angenommen, dass Prionen die Degeneration von Nervenzellen verursacht (TSE = transmissible spongioforme Enzephalopathie). Der TSE-Erreger ist infektiös und kann wahrscheinlich auf gesunde Menschen übertragen werden.

Übertragung: durch Nahrungsaufnahme.

Behandlungsmöglichkeiten: keine wirksame Therapie.

Organismen der Risikogruppe 4

Ebola-Virus

Taxonomische Zugehörigkeit: einzelsträngiges RNA-Virus, Filoviridae.

Vorkommen: Mensch, verschiedene Affenarten.

Krankheit: die pathogenetischen Fakten sind vor allem aus Affenversuchen bekannt. Ebola-Viren verursachen ein starkes, hämorrhagisches Fieber, das durch innere Blutungen (Organe) und Hautblutungen zum Tod durch Schock führen kann.

Übertragung: durch direkten Kontakt mit infizierten Personen, insbesondere den Körperflüssigkeiten.

Behandlungsmöglichkeiten: keine wirksame Therapie.

Maul-und-Klauen-Seuche-Virus *(MKSV)*

Taxonomische Zugehörigkeit: einzelsträngiges RNA-Virus, Picornaviridae.

Vorkommen: Rind, Schwein, Schaf, Ziege.

Krankheit: MKSV verursacht Fieber und Unwohlsein sowie vesikuläre Läsionen. Jungtiere können an Herzläsionen sterben.

Übertragung: durch Kontakt und Schmierinfektionen, über die Luft.

Behandlungsmöglichkeiten: infizierte Tiere werden getötet.

Die Pathogenität von MKSV für den Menschen ist sehr gering.

2.2.2 Spezialfall Diagnostik

Bei der medizinisch-mikrobiologischen Diagnostik werden Mikroorganismen verschiedener Risikogruppen (meistens Risikogruppe 2 und 3, sehr selten Risikogruppe 4) nachgewiesen und untersucht. Vorerst ist nicht bekannt, um welchen Keim es sich handelt, obwohl ein Verdachtsmoment auf ein gewisses Spektrum an Erregern besteht (Differenzialdiagnostik). Es ist daher sinnvoll, eine gewisse Vorsicht walten zu lassen und das Probematerial mindestens unter Einhaltung der Biosicherheitsstufe 2 zu bearbeiten. Wenn sich herausstellt, dass bei einer primären Analyse Keime der Risikogruppe 3 nachgewiesen oder gar isoliert werden, muss geprüft werden, ob überhaupt weitere Schritte durchgeführt werden sollen (alternativ können die Probematerialien in ein Referenzlaboratorium geschickt werden) und ob die Arbeiten nicht allenfalls in ein Laboratorium der Stufe 3 verlegt werden sollen. Das Entscheiddiagramm in Abb. 2.1 kann bei einer Risikoeinschätzung beigezogen werden.

2.2.3 Risikobewertung beim Umgang mit genetisch veränderten Mikroorganismen

Maßgebend für die Risikobewertung, wenn mit genetisch veränderten Mikroorganismen (GVM) umgegangen werden soll, ist in der Europäischen Union (EU) die sogenannte Systemrichtlinie (Richtlinie 2009/41/EG [5] über die Anwendung genetisch veränderter Mikroorganismen in geschlossenen Systemen). Die Richtlinie besagt, dass die Anwendung von GVM so erfolgen soll, dass ihre möglichen Auswirkungen auf die menschliche Gesundheit und auf die Umwelt begrenzt werden. Damit die Risiken aber richtig beurteilt werden können, müssen Anforderungen für die Risikobewertung festgelegt werden.

Bei einem genetisch veränderten Mikroorganismus ist dessen genetisches Material in einer Weise verändert worden, wie es unter natürlichen Bedingungen durch Kreuzen und/oder natürliche Rekombination nicht vorkommt. Diese Definition kann mit bestimmten Schwierigkeiten verbunden sein, da man nicht alle möglichen Fälle der natürlichen Rekombination kennen kann. Sie eignet sich aber trotzdem, weil die genetische Kompatibilität bei den meisten Organismen, die verwendet werden, bekannt ist. Ein Zusatz zu der Definition betrifft bestimmte Verfahren, die zu einer genetischen Veränderung führen können. Diese sind zum Beispiel DNA-Rekombinationstechniken, Mikroinjektion von Erbgut oder Zellfusion.

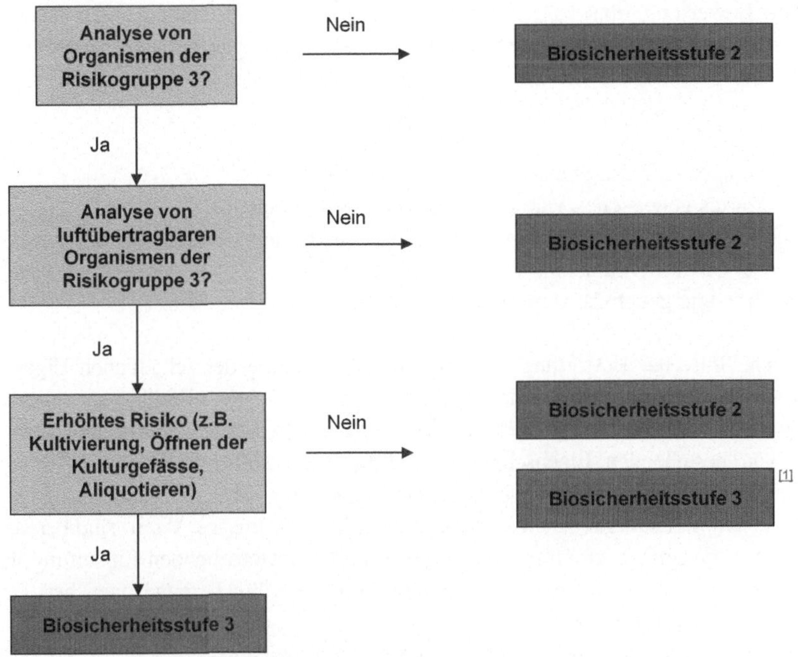

[1] Wenn ein erhöhtes Risiko vorliegt, zum Beispiel bei Kultivierung von Organismen der Risikogruppe 3, die nicht über die Luft übertragbar sind (z.B. *Escherichia coli* EHEC, HIV), dann sollten die Arbeiten und Einhaltung der Sicherheitsstufe 3 durchgeführt werden. Zu prüfen ist im Einzelfall, ob alle Maßnahmen der Stufe 3 eingehalten werden sollen, oder einzelne Maßnahmen weggelassen, ersetzt oder geändert werden sollten.

Abb. 2.1 Entscheiddiagramm für die Risikobewertung in der medizinisch-mikrobiologischen Diagnostik

Wenn genetisch veränderte Mikroorganismen erzeugt werden sollen und mit ihnen im Laboratorium umgegangen werden soll, dann muss zuerst das Risiko nach vorgegebenen Kriterien bewertet werden. Die Bewertung führt zur Einstufung der Anwendung (Tätigkeit) der GVM in eine von vier Klassen, die sich je nach vorhandenem Risiko unterscheiden. Bei Tätigkeiten der Klasse 1 besteht kein oder nur ein vernachlässigbares Risiko, während für die Klasse 4 ein hohes Risiko besteht. Tätigkeiten der Klasse 2 und 3 sind mit einem geringen beziehungsweise mäßigen Risiko verbunden.

Die Bewertung muss die Beurteilung der folgenden Elemente einer Tätigkeit in Bezug auf die möglichen schädlichen Auswirkungen auf den Menschen, Tiere und Pflanzen sowie die übrige Umwelt (z. B. andere Mikroorganismen) beinhalten (vgl. Abb. 2.2):

- Empfänger-Mikroorganismus,
- inseriertes genetisches Material (vom Spender-Organismus),
- Vektor („Vehikel', das für den Transfer des genetischen Materials benutzt wird),
- Spender-Mikroorganismus,
- der erzeugte genetisch veränderte Mikroorganismus.

Die erste Stufe der Bewertung beinhaltet die Beurteilung der schädlichen Eigenschaften des Empfänger- und des Spenderorganismus sowie allfällige schädliche Eigenschaften des Vektors und des inserierten Materials. Ebenfalls muss die Änderung von bestehenden Eigenschaften des Empfänger-Mikroorganismus bewertet werden. Für die Bewertung der bestehenden schädlichen Eigenschaften von Spender- und Empfängerorganismen sowie mancher Vektoren (insbes. Viren) sind bereits die oben angesprochenen Organismenlisten (mit der entsprechenden Einstufung in eine Risikogruppe) vorhanden. Diese werden routinemäßig herangezogen bei der Risikobewertung von GVM.

Ebenfalls herangezogen können weitere Kriterien wie [14]:

- Funktion der genetischen Veränderung,
- Reinheits- und Charakterisierungsgrad des zur Rekombination verwendeten genetischen Materials,

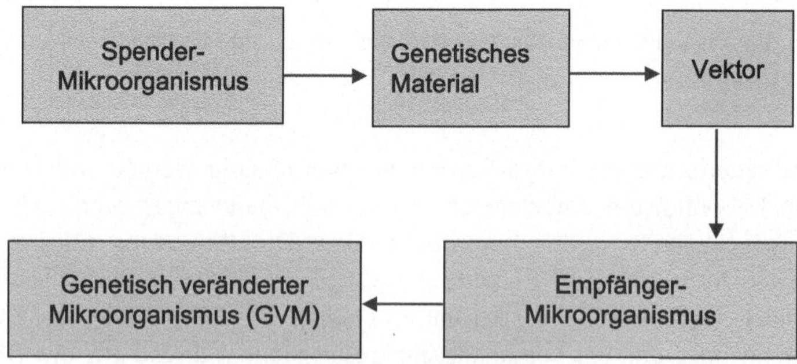

Abb. 2.2 Schematische Darstellung der Risikobewertung für Tätigkeiten mit genetisch veränderten Mikroorganismen

- Eigenschaften der Vektoren, insbesondere betreffend Replikationsfähigkeit, Wirtsspektrum,
- Wirtsspezifität, eigenständige Infektiosität,
- Eigenschaften der verwendeten Nukleinsäuresequenzen, insbesondere regulatorische Wirkungen auf Zellwachstum, Zellzyklus und Immunsystem,
- Stabilität und Expression des rekombinanten genetischen Materials.

Beispiel 1: Expression des RNAse H Gens des Hepatitis-C-Virus in *Escherichia coli* K12

Spenderorganismus: Hepatitis-C-Virus (Risikogruppe 3).

Transferiertes Erbgut (Insert): DNS-Sequenz, die für das RNAse-H-Gen kodiert.

Vektor: pBluescript.

Empfängerorganismus: E. coli K12 (Risikogruppe 1).

Genetisch veränderter Mikroorganismus: E. coli K12.

Risikobewertung

Der Stamm *E. coli* K12 ist ein Sicherheitsstamm, der in die Risikogruppe 1 eingestuft wird. Bei dem subgenomischen DNS-Fragment, das für die RNAse H des Hepatitis-C-Virus kodiert, handelt es sich um ein gut charakterisiertes Gen, dessen Funktion und Genprodukt (RNS-Nuklease) bekannt sind. Dieses Protein ist weder toxisch noch könnte es nach heutigem Stand des Wissens den genetisch veränderten Organismus so verändern, dass er pathogen würde oder die Umwelt anderweitig schädigen könnte. Deshalb handelt es sich um eine Tätigkeit der Klasse 1.

Beispiel 2: Etablierung einer genomischen Bank von *Streptococcus pyogenes* in *E. coli* K12

Spenderorganismus: Streptococcus pyogenes (Risikogruppe 2).

Transferiertes Erbgut (Inserts): subgenomische DNS-Fragmente, maximal 2 Kilobasen groß (shotgun cloning).

Vektor: pUC18.

Empfängerorganismus: Escherichia coli K12 (Risikogruppe 1).

Genetisch veränderter Mikroorganismus: Escherichia coli K12.

Risikobewertung

Streptococcus pyogenes ist der Erreger von Scharlach, eine Sonderform der Streptokokkenpharyngitis. Insbesondere die erythrogenen Toxine (A, B, C) spielen bei der Pathogenität eine große Rolle. Es kann bei der Konstruktion der Genbank nicht völlig ausgeschlossen werden, dass einzelne Toxingene auf den Empfängerorganismus übertragen werden. Da aber die Toxine nicht exprimiert würden, ist das Risiko eines toxinbildenden genetisch veränderten Mikroorganismus (*E. coli* K12) vernachlässigbar. Die Tätigkeit kann der Klasse 1 zugeordnet werden.

Beispiel 3: Endogene Retroviren von Primaten [15]

Spenderorganismus: verschiedene Primatenarten, Mensch, verschiedene genetisch veränderte Retroviren (HIV-1, HIV-2, Simian-Immundefizienz-Virus (Rhesusaffen SIV_{mac}; American Green Monkey SIV_{AGM}), Murines-Leukämie-Virus (MLV), humane endogene Retroviren (human endogenous retroviruses HERV).

Transferiertes Erbgut (Inserts): subgenomische DNS-Fragmente, die verschiedene TRIM5α (Tripartite motif) kodierende Sequenzen enthalten. TRIM5α-Proteine besitzen antiretrovirale Aktivität. Green-Fluorescent-Protein (GFP).

Vektor: onkoretroviraler Vektor pLPCX. Verschiedene Vektoren zur Herstellung retroviraler, genetisch veränderter, infektiöser Partikel [15].

Empfängerorganismus: 293 T-Zellen, HeLa-Zellen (Gruppe 1).

Genetisch veränderte Mikroorganismen: Retroviren, TRIM5α exprimierende Zelllinien.

Risikobewertung

Das Ziel dieser Forschungen ist, die Funktionsfähigkeit des Abwehrproteins TRIM5α gegen verschiedene Retroviren auszutesten und mehr über die Koevolution zwischen den Proteinen und den zu einem bestimmten Zeitpunkt aktiven endogenen Retroviren herauszufinden. Die Viren werden mithilfe von verschiedenen Plasmiden in einer Zelllinie hergestellt und anschließend zur Infektion einer mit TRIM5α transformierten Zelllinie, die das Protein exprimiert, verwendet. HIV-1 und HIV-2 werden in die Gruppe 3 eingestuft. Hingegen sind die meisten anderen Viren (MLV, SIV) der Gruppe 2 zugeordnet. Humane endogene Viren wurden aus dem Humangenom abgeleitet. Es handelt sich um DNS-Sequenzen, die seit einigen Millionen Jahren im Human- resp. Primatengenom vorhanden sind. Virale Partikel, die mithilfe dieser Sequenzen hergestellt werden, sind infektiös, aber in der Regel nicht replikationsfähig. Eine offizielle Einstufung solcher Viren in eine Gruppe gibt es aktuell nicht. Da mit replikationskompetenten HIV-1- und HIV-2-Viren umgegangen wird, muss die Tätigkeit in die Klasse 3 eingestuft werden. Die Tätigkeit mit SIV und MLV kann in die Klasse 2 eingestuft werden. Die Eigenschaften der rekonstruierten HERVs sind hingegen nicht einfach abschätzbar. Es kann sein, dass sie zum Beispiel durch Rekombination mit anderen vorhandenen retroviralen Sequenzen ein neues, replikationskompetentes Virus erzeugen oder dass die Viren als Folge einer Insertion im Genom die Bildung eines Tumors auslösen können. Deshalb ist es angebracht, Tätigkeiten mit diesen Viren in die Klasse 3 einzustufen.

Biosicherheitsstufe und Maßnahmen 3

Laboratorien werden nach ihrer Biosicherheitsstufe in vier Stufen eingeteilt. Die Stufen werden aufgrund der Zusammensetzung verschiedener Komponenten wie zum Beispiel dem Bau und Anordnung der Räumlichkeiten, der Ausrüstung, der Praxis und der Arbeitsorganisation unterschieden. Die Unterschiede zwischen den Sicherheitsstufen, die bei Tätigkeiten mit natürlichen oder genetisch veränderten Mikroorganismen getroffen werden müssen, sind gering.

3.1   Allgemeine Maßnahmen

Die allgemeinen Maßnahmen gelten für alle Laboratorien der Stufen 1 bis 4 [5]:

a) Die Exposition des Arbeitsplatzes und der Umwelt gegenüber Mikroorganismen ist auf dem niedrigsten praktikablen Niveau zu halten.
b) Erforderlichenfalls ist außerhalb der primären physikalischen Einschließung das Vorhandensein lebensfähiger, in der Anwendung eingesetzter Mikroorganismen zu prüfen.
c) Es ist für eine geeignete Ausbildung des Personals Sorge zu tragen.
d) Je nach Bedarf sind Ausschüsse und Unterausschüsse für die biologische Sicherheit einzusetzen.
e) Für die Sicherheit des Personals sind je nach Bedarf praktische Verhaltensregelungen für die jeweiligen Standorte aufzustellen und anzuwenden.
f) Gegebenenfalls sind biologische Gefahrenbereiche durch Kennzeichnung auszuweisen.
g) Reinigungs- und Dekontaminationsvorrichtungen sind für das Personal bereitzustellen.

© Springer Fachmedien Wiesbaden GmbH, ein Teil von Springer Nature 2018
T. Binz, *Biologische Sicherheit im Labor,* essentials,
https://doi.org/10.1007/978-3-658-22895-8_3

h) Essen, Trinken, Rauchen und Schminken sowie die Aufbewahrung von Lebensmitteln für den menschlichen Verzehr im Arbeitsbereich sind verboten.

i) Das Pipettieren mit dem Mund ist verboten.

j) Für den Fall des Austretens von Mikroorganismen sind wirksame Desinfektionsmittel und -verfahren bereitzustellen.

In einigen Ländern wird die Bezeichnung eines Biosicherheitsbeauftragten (Biosafety Officer, BSO) verlangt. Dieser ersetzt meistens (für kleinere und mittlere Betriebe) die Einsetzung von Ausschüssen und Unterausschüssen (Maßnahme d).

3.2 Stufenspezifische Maßnahmen

Legende
 — Nicht erforderlich
 + erforderlich (Tab. 3.1 und 3.2)

(1) Abschirmung = das Labor ist von anderen Bereichen des Gebäudes abgetrennt oder in einem getrennten Gebäude untergebracht.

(2) Luftschleuse = das Labor wird über eine Luftschleuse, d. h. über einen vom Labor abgetrennten Raum, betreten. Die „saubere" Stelle der Luftschleuse muss von der gesperrten Seite durch Umkleide- oder Duscheinrichtungen und vorzugsweise durch verriegelbare Türen abgetrennt sein.

(3) Tätigkeiten, bei denen keine Übertragung über die Luft stattfindet

(4) HEPA = High Efficiency Particulate Air

(5) Wenn Viren eingesetzt werden, die nicht durch HEPA-Filter zurückgehalten werden, sind zusätzliche Anforderungen für die Abluft erforderlich.

(6) mit validierten Verfahren, die einen sicheren Transfer von Material in einen Autoklav außerhalb des Labors ermöglichen und ein entsprechendes Schutzniveau gewährleisten

Erläuterungen zu einzelnen Sicherheitsmaßnahmen
Die Maßnahmen sind gemäß Arbeitnehmerschutzrichtlinie (2000/54/EG) aufgelistet. Wo eine korrespondierende Maßnahme der Systemrichtlinie (2009/41/EG) besteht, ist diese in Klammer mit dem Kürzel SRL angegeben.

Tab. 3.1 Stufenspezifische Sicherheitsmaßnahmen für Laboratorien im Umgang mit natürlichen Organismen [6]

Sicherheitsmaßnahmen	Sicherheitsstufen		
	2	3	4
1. Der Arbeitsplatz ist von anderen Tätigkeiten in demselben Gebäude abzutrennen	–	Empfohlen	+
2. Zu- und Abluft am Arbeitsplatz müssen durch Hochleistungsschwebstoff-Filter (HEPA) oder eine vergleichbare Vorrichtung geführt werden	–	+ Für Abluft	+ Für Zu- und Abluft
3. Der Zugang ist auf benannte Arbeitnehmer zu beschränken	Empfohlen	+	+ Mit Luftschleuse
4. Der Arbeitsplatz muss zum Zweck der Desinfektion hermetisch abdichtbar sein	–	Empfohlen	+
5. Spezifische Desinfektionsverfahren	+	+	+
6. Am Arbeitsplatz muss ein Unterdruck aufrechterhalten werden	–	Empfohlen	+
7. Wirksame Vektorkontrolle, z. B. Nagetiere und Insekten	Empfohlen	+	+
8. Wasserundurchlässige und leicht zu reinigende Oberflächen	+ Für Werkbänke	+ Für Werkbänke und Böden	+ Für Werkbänke, Böden und Decken
9. Gegen Säuren, Laugen, Lösungs- und Desinfektionsmittel widerstandsfähige Oberflächen	Empfohlen	+	+

(Fortsetzung)

Tab. 3.1 (Fortsetzung)

Sicherheitsmaßnahmen	Sicherheitsstufen		
10. Sichere Aufbewahrung eines biologischen Arbeitsstoffes/ Agens	+	+	+ Unter Verschluss
11. Der Raum muss mit einem Beobachtungsfenster oder einer vergleichbaren Vorrichtung versehen sein, damit die im Raum anwesenden Personen bzw. Tiere beobachtet werden können	Empfohlen	+	+
12. Jedes Laboratorium sollte über eine eigene Ausrüstung verfügen	–	Empfohlen	+
13. Der Umgang mit infiziertem Material, einschließlich aller Tiere, muss in einer Sicherheitswerkbank oder einem Isolierraum oder einem anderen geeigneten Raum erfolgen	Wo angebracht	+ Wenn die Infizierung über die Luft erfolgt	+
14. Verbrennungsofen für Tierkörper	Empfohlen	+ (vorhanden)	+ Vor Ort

Tab. 3.2 Stufenspezifische Einschließungs- und andere Schutzmaßnahmen für Labortätigkeiten mit GVM [5]

Sicherheitsmaßnahmen	Sicherheitsstufen			
	1	2	3	4
1. Laborbereich: Abschirmung[1]	–	–	+	+
2. Laboratorium: Abdichtung zwecks Begasung möglich	–	–	+	+
3. Gegenüber Wasser, Säuren, Laugen, Lösungs-, Desinfektions- und Dekontaminationsmitteln resistente und leicht zu reinigende Oberflächen	+ (Arbeitsbank)	+ (Arbeitsbank)	+ (Arbeitsbank, Fußboden)	+ (Arbeitsbank, Fußboden, Decken, Wände)
4. Zugang zum Labor über eine Luftschleuse[2]	–	–	Fakultativ	+
5. Unterdruck im Vergleich zur unmittelbaren Umgebung	–	–	+ Mit Ausnahme von[3]	+
6. Zuluft zum und Abluft vom Labor sollte HEPA[4]-gefiltert werden	–	–	+ (HEPA – Abluft mit Ausnahme von[3])	+ (HEPA – Zu- und Abluft[5])
7. Mikrobiologische Sicherheitswerkbank	–	Fakultativ	+	+
8. Autoklav	Innerhalb der Anlage	Innerhalb des Gebäudes	Innerhalb des Laborbereiches[6]	Innerhalb des Labors = beidseitiger Zugriff
9. Beschränkter Zugang	–	+	+	+
10. Kennzeichnung als biologischer Gefahrenbereich an der Tür	–	+	+	+

(Fortsetzung)

Tab. 3.2 (Fortsetzung)

Sicherheitsmaßnahmen	Sicherheitsstufen			
11. Spezifische Maßnahmen zur Überwachung der Verbreitung von Aerosolen	–	+ Auf ein Mindestmaß zu reduzieren	+ Zu verhindern	+ Zu verhindern
12. Duschen	–	–	Fakultativ	+
13. Schutzkleidung	Geeignete Schutzkleidung	Geeignete Schutzkleidung	Geeignete Schutzkleidung und (fakultativ) Schuhe	Vollständiger Kleidungs- und Schuhwechsel vor dem Betreten bzw. Verlassen
14. Handschuhe	–	Fakultativ	+	+
15. Wirksame Überwachung von Überträgern (z. B. von Nagetieren und Insekten)	Fakultativ	+	+	+
16. Inaktivierung von GVM im Abwasser von Handwaschbecken, Leitungen und Duschen und in ähnlichen Abwässern	–	–	Fakultativ	+
17. Inaktivierung von GVM in kontaminiertem Material und Abfall	Fakultativ	+	+	+
18. Jedes Labor sollte über eine eigene Ausrüstung verfügen	–	–	Fakultativ	+
19. Sichtfenster oder andere Vorrichtung, sodass die Personen im Raum beobachtet werden können	Fakultativ	Fakultativ	Fakultativ	+

1 (SRL 1) Der Arbeitsplatz ist von anderen Tätigkeiten in demselben Gebäude abzutrennen.
Für die Sicherheitsstufe 3 wird eine Abtrennung der Räumlichkeiten lediglich empfohlen. Eine Abtrennung lässt sich aber in der Regel beobachten. In Forschungslaboratorien, wo häufig mit natürlichen und genetisch veränderten Mikroorganismen umgegangen wird, ist die Abtrennung gemäß der Systemrichtlinie vorgeschrieben.

2 (SRL 6). Zu- und Abluft am Arbeitsplatz müssen durch Hochleistungsschwebstoff-Filter (HEPA) oder eine vergleichbare Verrichtung geführt werden.
Die HEPA-Filterung dient der Rückhaltung von Mikroorganismen (meistens Viren, Bakterien oder Pilzsporen), die sich in der Luft des Arbeitsbereichs befinden könnten. Die Zuluft im Stufe-4-Labor wird ebenfalls gefiltert, damit bei einem möglichen Lüftungsausfall keine Luft über die Eingangsöffnung der Luft austreten kann.

4 (SRL 2). Der Arbeitsplatz muss zum Zweck der Desinfektion hermetisch abdichtbar sein.
Diese Maßnahme ist zweckmäßig, wenn für die Dekontamination der Räume eine Begasung durchgeführt wird. Begasungen können mit geeigneten Chemikalien (welche, Eigenschaften, Konsequenzen) durchgeführt werden. Das Labor kann auch anderweitig dekontaminiert werden (z. B. manuell, in entsprechender Schutzkleidung).

6 (SRL 5). Am Arbeitsplatz muss ein Unterdruck aufrechterhalten werden.
Durch eine zweckmäßige Ausrichtung des Luftstroms kann ein Unterdruck im Raum erzeugt werden. Dieser dient dazu, möglicherweise vorhandene Mikroorganismen (die zum Beispiel bei einem Zwischenfall wie dem Zerbrechen eines Kulturgefäßes) in der Luft im Raum zurückzuhalten. Wenn Organismen nicht über die Luft übertragen werden können, ist es nicht unbedingt notwendig, einen Unterdruck zu erzeugen.

7 (SRL 15). Wirksame Vektorkontrolle, zum Beispiel Nagetiere und Insekten.
Darauf ist besonders zu achten, wenn mit Mikroorganismen, die über Vektoren übertragen werden können, gearbeitet wird.

11 (SRL 19). Der Raum muss mit einem Beobachtungsfenster oder einer vergleichbaren Vorrichtung versehen sein, damit die im Raum anwesenden Personen bzw. Tiere beobachtet werden können. Als Alternative kann ein

Videoüberwachungssystem dienen.Totmannsensoren werden auch angewendet, ersetzen aber eine visuelle Überwachung nicht vollständig.

12 (SRL 18). Jedes Laboratorium sollte über eine eigene Ausrüstung verfügen. Damit soll eine Verschleppung der Mikroorganismen über kontaminierte Geräte in andere Räume verhindert werden.

Weitere Schutzmaßnahmen (Richtlinie 2009/41/EC)
4. Zugang zum Labor über eine Luftschleuse (Maßnahme 3 der Richtlinie 2000/54/EC; nur auf Stufe 4)

8. Autoklav
Um eine sichere Inaktivierung der Abfälle zu gewährleisten, ist die Autoklavierung die Methode der Wahl. Um den Transportweg zu minimieren, wird dieser mit zunehmendem Risiko immer kleiner gehalten. So wird verlangt, dass der Autoklav bei Stufe-1-Laboratorien innerhalb der ganzen Anlage bzw. des Areals verfügbar ist, während er beispielsweise bei Stufe-3-Laboratorien im kontrollierten Bereich aufgestellt werden muss, besser aber noch im Labor selbst. Deshalb kann also bei Laboratorien der Stufe 3 die Autoklavierung auch außerhalb des Labors selbst erfolgen. Allerdings muss dann der Transport der infektiösen Abfälle festgelegt und validiert sein, sodass er sicher durchgeführt werden kann.

10. Kennzeichnung als biologischer Gefahrenbereich an der Tür (entspricht Artikel 6, Abs. 2, Bst. 2 der Richtlinie 2000/54/EC) (Abb. 3.1)

Abb. 3.1 International übliches Gefahrenzeichen zur Kennzeichnung biologischer Gefahren

11. Spezifische Maßnahmen zur Überwachung der Verbreitung von Aerosolen. Aerosole sind allgemein, aufgrund der guten mikrobiologischen Praxis, so gut wie möglich zu vermeiden. Dazu gehört, dass bei jedem Arbeitsschritt evaluiert werden sollte, ob Aerosole gebildet werden und welche Maßnahmen ergriffen werden sollten, um eine Verbreitung der Mikroorganismen im Labor durch Aerosole zu vermeiden. Die Identifikation aerosolbildender Arbeitsschritte wie Homogenisieren, Schütteln, Mischen (z. B. mit Vortex) sowie die Suche nach geeigneten Maßnahmen (bruchsichere Behälter, Spritzschutz, persönliche Schutzausrüstung, Verwendung der Sicherheitswerkbank) sind wichtige Schritte bei dieser Beurteilung.

14. Handschuhe
Die Handschuhe können im Labor der Stufe 2 weggelassen werden, allerdings ist es empfehlenswert, sie zu tragen, wenn sich der direkte Kontakt mit den Mikroorganismen nicht vermeiden lässt.

Weitere Maßnahmen sind in den EU-Richtlinien für Produktionstätigkeiten, Tätigkeiten in Tieranlagen und in Gewächshäusern aufgeführt. Auf diese soll aber hier aus Gründen der Übersichtlichkeit nicht weiter eingegangen werden.

3.3   Biosicherheitswerkbänke

Mikrobiologische Sicherheitswerkbänke sind ein wirksamer Schutz für die Arbeitenden bei Tätigkeitsschritten, bei denen Aerosole entstehen können. Typische aerosolproduzierende Arbeitsschritte sind Schütteln, Umgießen, Rühren oder Tröpfeln von Flüssigkeiten auf eine Oberfläche oder in eine andere Flüssigkeit. Andere Labortätigkeiten wie zum Beispiel Inokulieren von Agarplatten oder Kulturflaschen, Pipettieren oder Vortexen von infektiösen Flüssigkeiten, Homogenisieren von infektiösem Gewebe oder von Kulturen, Zentrifugationsschritte oder die Arbeit mit Tieren können ebenfalls Aerosole produzieren.

Die Schutzwirkung einer mikrobiologischen Sicherheitswerkbank wird durch den gegenüber dem Labor abgegrenzten Bereich, den gerichteten Luftstrom in die Kammer hinein und die Filtrierung der Abluft erzielt. Damit werden eventuell auftretende Aerosole einerseits durch die Glasscheibe an der Vorderseite der Werkbank aufgehalten, andererseits durch den nach innen gerichteten Luftstrom in der Kammer festgehalten und dem Filter zugeführt. Der Filter ist ein Schwebstoff-Hochleistungsfilter (High efficiency particulate Airfilter, HEPA), der über eine Effizienz der Ausfilterung von Teilchen von 99,9 % verfügt. Bestimmte

Typen von biologischen Sicherheitswerkbänken schützen durch den kanalisierten Luftstrom innerhalb der Kammer ebenfalls die in der Kammer enthaltenen Materialien vor Kontaminationen (Zuluft aus dem Labor getrennt von der Luft innerhalb der Kammer; Produkteschutz). Sehr wichtig ist die korrekte Nutzung und Wartung von Biosicherheitswerkbänken. Drei Klassen von mikrobiologischen Sicherheitswerkbänken werden unterschieden.

Klasse I

Mikrobiologische Sicherheitswerkbänke der Klasse I sind die einfachsten Werkbänke. Sie bieten den Arbeitenden Schutz, aber nicht dem Produkt. Die Luft wird an der Vorderseite der Werkbank eingezogen (durch den Betrieb eines Ventilators, entweder in der Werkbank selbst oder durch Anschluss an den Abluftventilator des Gebäudes), streicht in einem gerichteten Strom über die Arbeitsfläche und wird durch einen sich meist in der Decke befindenden HEPA-Filter entweder in das Laboratorium zurückgeführt oder durch einen Abluftkanal gegen Außen abgeführt.

Klasse II

Mikrobiologische Sicherheitswerkbänke der Klasse II wurden entwickelt, um neben dem Schutz der Arbeitnehmenden auch die Materialien, mit denen in der Werkbank gearbeitet wird, vor Kontamination zu schützen (z. B. Zellkulturen, mikrobiologische Medien). Die Zuluft wird an der Vorderseite der Werkbank eingesogen und durch Löcher am Vorderrand der Arbeitsfläche unter dieser durchgezogen. Sie wird dann im Raum hinter der Werkbank hochgezogen und durch einen HEPA-Filter wieder in den Arbeitsbereich geleitet. In der Regel werden ca. 70 % dieser Luft in den Arbeitsbereich zurückgeführt, während 30 % direkt durch einen HEPA-Abluftfilter nach Außen abgeführt werden.

Die in den Arbeitsraum geleitete Luft fließt auf die Arbeitsfläche und wird durch Löcher oder Rillen am Vorder- und Hinterrand der Fläche abgeleitet. Damit wird erreicht, dass die Materialien sich nur in gefilterter Reinluft, aber nicht in der potenziell mit Keimen kontaminierten Luft aus dem Laboratorium befinden und somit vor Kontamination geschützt sind. Von Sicherheitswerkbänken der Klasse II gibt es verschiedene Varianten (IIA und B, Typen 1 und 2).

Klasse III

Sicherheitswerkbänke der Klasse III schützen die Arbeitnehmenden am effizientesten. Die Werkbank ist gegenüber Außen hermetisch abgeriegelt. Die Zuluft wird HEPA gefiltert und der Luftstrom wird so gehalten, dass im Arbeitsraum ein ständiger Unterdruck herrscht (ca. 125 Pa). Im Arbeitsraum kann nur über Handschuhe, die an Armlöchern an der Glasvorderseite der Werkbank angebracht sind, gearbeitet werden. Probenmaterial, Reagenzien u. ä. werden über eine Materialschleuse, die sterilisiert werden kann und über HEPA-Filter belüftet wird, in den Arbeitsraum eingebracht. Abfälle werden über einen Autoklaven, der ebenfalls an der Werkbank angebracht ist, inaktiviert und entsorgt. Alternativ kann der Abfall über ein dichtes Transportsystem in einen von der Werkbank unabhängigen Autoklaven gebracht und inaktiviert werden (Transport-Port-System).

Detaillierte und weiterführende Informationen über die Funktionsweise und den Einsatz der verschiedenen Werkbänke sind in den Referenzen [1], [16] und [17] enthalten.

3.4 Persönliche Schutzausrüstung

Persönliche Schutzausrüstung (PSA) dient dazu, die Mitarbeiterinnen und Mitarbeiter und damit indirekt auch die Umwelt vor biologischen Gefahren zu schützen, wenn die auf der jeweiligen Schutzstufe getroffenen herkömmlichen Maßnahmen nicht ausreichen. Die Art der PSA ist je nach verwendetem Organismus und der Methode festzulegen. Je nach zu schützendem Körperteil können Maßnahmen für den Atemschutz (Mund, Nase) oder Schutz der Haut getroffen werden. Dazu gehören zum Beispiel Atemschutzmasken, Respiratoren, Laborbekleidung, Handschuhe und Schutzbrillen. Weiterführende Informationen zur PSA sind in den Literaturangaben [16], [17] und [22] enthalten.

3.5 Laborausrüstung

Ein spezielles Augenmerk in Bezug auf die Biosicherheit sollte auf die folgenden Ausrüstungsgegenstände gerichtet werden:

- lüftungstechnische Anlagen
- Zentrifugen
- Homogenisatoren und Zellaufschlussgeräte
- Zellsortierer
- Bioreaktoren
- Laborroboter

- Autoklaven
- Flüssigstickstoffbehälter
- Brutschränke und -räume
- UV-Strahler
- Mikrotom
- Mikroskop

Für nähere Angaben zur sicheren Verwendung dieser Geräte einschließlich der Beschreibung von physikalischen Vorkehrungen sowie organisatorischer Vorgaben sei der Leser auf die Literaturreferenzen [16] und [17] verwiesen.

3.6   Autoklavierung und Desinfektion

Zur Inaktivierung von flüssigen und festen Abfällen wird in der Regel die Autoklavierung eingesetzt. Dabei handelt es sich um ein thermisches Verfahren. Beim Standardverfahren zur Abfallbehandlung beträgt die Temperatur 121 °C während 20 min. Bei Organismen, die eine sehr hohe Hitzeresistenz aufweisen (z. B. Sporen von Bacillen oder Prionen) kann die Temperatur und die Behandlungszeit entsprechend erhöht werden. Weiterführende Informationen, insbesondere über Autoklaventypen und Funktionsweisen finden sich in den Referenzen [16], [17] und [22].

Eine andere, weit verbreitete Methode zur Inaktivierung und Entsorgung von infektiösen Abfällen ist die Verbrennung. Dabei werden die Abfälle in eigens dazu konzipierten Behältern gesammelt und zur Verbrennungsanlage gebracht. Zu beachten ist, dass die Abfälle bis zu ihrem Abtransport sicher gelagert und die Lagerungszeiten möglichst kurz gehalten werden. Der Transport muss im Einklang mit den nationalen und internationalen Vorschriften erfolgen [20] und wird meistens über eine spezialisierte Transportfirma abgewickelt. Die Verbrennungsanlage muss über entsprechende Genehmigungen zur Verbrennung von Sonderabfällen verfügen.

Unter **Desinfektion** versteht man eine gezielte chemische oder physikalische Behandlung von Oberflächen oder Medien, um die Übertragung von Organismen durch deren Inaktivierung zu verhindern [16]. Desinfektion kann sowohl durch chemische wie physikalische Verfahren erreicht werden. Eine chemische Desinfektion wird in der Regel durch den Einsatz einer geeigneten Substanz erreicht. Physikalische Methoden zur Inaktivierung beinhalten zum Beispiel den Einsatz von UV-Strahlung.

Die Wirksamkeit der Substanzen gegen verschiedene Organismengruppen (Viren, Bakterien, Pilze) kann sich stark unterscheiden. Ebenfalls von großer Bedeutung sind verschiedene Verfahrensparameter wie Einwirkungsdauer, Konzentration des Wirkstoffs, Stabilität oder Wirkungsbeeinträchtigungen durch andere Substanzen (z. B. Proteine). Desinfektionsmittel und -verfahren müssen deshalb immer auf ihre Wirksamkeit hin überprüft werden.

Ausführliche Darstellungen zu den Desinfektionsmitteln und -methoden finden sich in verschiedenen Handbüchern und Empfehlungen [1], [16], [17] und [22].

3.7 Betriebliches Sicherheitskonzept

Für den Betrieb einer Anlage mit Gefahrenpotenzial ist die Berücksichtigung der einschlägigen Gesetze meistens nicht genügend. Ein umfassendes betriebliches Sicherheitskonzept sollte daher erstellt werden, welches nicht nur den gesetzlichen Grundlagen, sondern auch den betriebsspezifischen Umständen Rechnung trägt. Das Sicherheitskonzept sollte neben der Organisationsstruktur eines Betriebs die relevanten Aspekte der biologischen Sicherheit wie z. B. die Risikobewertung von Tätigkeiten mit Organismen und die Sicherheitsmaßnahmen umfassen, darüber hinaus aber auch z. B. den Transport von infektiösen Substanzen, die Schnittstellen zu anderen Bereichen wie z. B. Chemiesicherheit oder Strahlenschutz ansprechen und die Vorgehensweise bei Notfällen definieren. Das Sicherheitskonzept sollte regelmäßig überprüft und geänderten Gegebenheiten angepasst werden.

Die folgenden Themen können für ein Sicherheitskonzept relevant sein [17] und [18]:

1. Schutzziele (Mensch, Tier, Umwelt)
2. Organisation des Betriebs, hierarchische Zuordnung der Verantwortlichkeiten, Organigramme (Geschäftsleitung, Projektleitung für Tätigkeiten mit Organismen, Biosicherheitsverantwortliche, Mitarbeiter und Mitarbeiterinnen)
3. Notfallorganisation (Planung und Ereignisbewältigung)
    a) Kontakte (Telefonnummern)
    b) Vorgehen bei Laborzwischenfällen
    c) Meldeblatt bei Zwischenfällen
    d) Gesundheitsakte
    e) Dokumentation für Ereigniskräfte

4. Risikobewertung
   a) Melde- und Bewilligungspflichten
   b) Projektliste und Inventar biologischer Agenzien
5. Sicherheitsmaßnahmen und Verhaltensregeln
   a) Zutrittskontrolle und Kennzeichnung des Arbeitsbereiches
   b) Anweisungen für das sichere Arbeiten (gute mikrobiologische Praxis, Sicherheitsregeln, Umgang mit der mikrobiologischen Sicherheitswerkbank, Zentrifugation, Benutzung des Zellsortierungsgeräts FACS, Verhütung von blutübertragbaren Krankheiten)
   c) Aus- und Weiterbildung
   d) Laborreinigung (Hygieneplan, Unterweisung des Reinigungspersonals)
   e) Entsorgung von infektiösen Abfällen
   f) Kauf, Wartung und Instandhaltung von Geräten
   g) Transport von Organismen
   h) chemische Sicherheit
   i) Strahlenschutz
   j) Planung Bau, Umbau, Rückbau und Umzug

Biosicherung (Biosecurity) 4

Die Biosicherung in Laboratorien und anderen geschlossenen Systemen (Englisch: Biosecurity) befasst sich mit dem Umstand, dass einige pathogene Mikroorganismen, mit denen umgegangen wird, vor Verlust, Diebstahl oder absichtlicher Freisetzung (einschließlich terroristischer Anschläge) geschützt werden müssen. Die betroffenen Mikroorganismen besitzen ein hohes Potenzial, die Bevölkerung bei einer Freisetzung zu schädigen. Verschiedene Länder haben deshalb Gesetze, die die Biosicherung regeln, mit einschlägigen Mikroorganismenlisten erlassen. So führen die USA eine Liste der ‚Select Agents and Toxins‘, während Frankreich eine weitgehend identische Liste führt (Micro-Organismes et Toxines, MOT). Ähnliche Listen sind in Kriegswaffenkontrollgesetzen oder der Liste der Australiengruppe aufgeführt.

Für die Sicherung von biologischen Agenzien sollte jedes Laboratorium ein geeignetes Biosicherungs-Programm erstellen. In einem ersten Schritt sollte in einer Gefahrenanalyse (Threat Assessment) und an Hand einschlägiger Szenarien das potenzielle Risiko eines Abhandenkommens der Organismen festgestellt werden. Darauf abgestützt müssen die zu ergreifenden Sicherheitsmaßnahmen festgelegt werden. Diese können physikalischer, organisatorischer und administrativer Natur sein.

Für die Gefahrenanalyse können die folgenden Fragen herangezogen werden:

- Identifikation der biologischen Arbeitsstoffe und Toxine,
- Risikoanalyse anhand von spezifischen Gefährdungsszenarien,
- Entwicklung eines Konzepts zur Beherrschung des Gesamtrisikos der Anlage,
- regelmäßige Überprüfung der Gefahrenanalyse und der Sicherheitsmaßnahmen.

© Springer Fachmedien Wiesbaden GmbH, ein Teil von Springer Nature 2018 33
T. Binz, *Biologische Sicherheit im Labor,* essentials,
https://doi.org/10.1007/978-3-658-22895-8_4

Zur Beantwortung dieser Fragen werden in der Regel Aspekte, die im Rahmen der Biosicherheit abgeklärt und erarbeitet wurden, mitberücksichtigt. Zum Beispiel werden bei der Risikobewertung sowohl bei pathogenen wie genetisch veränderten Organismen die vorhandenen Agenzien identifiziert. Des Weiteren haben bestimmte Maßnahmen der Biosicherheit auch Biosicherungscharakter wie zum Beispiel die Einschränkung des Zugangs von Mitarbeitenden oder die Abtrennung von Arbeitsbereichen (Sicherheitsstufe 3 und 4). Ebenfalls muss das betriebliche Sicherheitskonzept einbezogen werden.

Einzelne Maßnahmen sind in verschiedenen Ländern gesetzlich verankert. So sind zum Beispiel in den USA [19], Kanada [17], Dänemark [21] und Frankreich [22] Hintergrundchecks von Mitarbeitenden (Security Clearance) vorgeschrieben. Dabei handelt es sich unter anderem um die Überprüfung des Strafregisterauszugs. Andere Maßnahmen beinhalten die Führung eines Inventars der Organismen (einschließlich der vorhandenen Mengen) und die Regelung des Zugangs zu dem Inventar. Die Weltgesundheitsorganisation hat in einer Empfehlung von 2006 [23] mögliche Vorgaben für ein Biosicherungskonzept abgegeben.

Biologische Forschung mit Missbrauchspotenzial (Dual Use Research of Concern, DURC)

Viele Technologien können für missbräuchliche Zwecke verwendet werden. In den Biowissenschaften wird wohl aber dieses Potenzial besonders deutlich. Im Jahr 2001 kam es in den USA zu Anschlägen mit dem Bakterium *Bacillus anthracis* (Anthrax), das mutmaßlich von einer Einzelperson als Pulver mithilfe von Briefen an verschiedene Zielpersonen versandt wurde. Einige Menschen starben. Gleichzeitig stieg weltweit die Angst vor weiteren Anschlägen und viele Länder haben begonnen, sich auf künftige Anschläge vorzubereiten. Obwohl es seither keine weiteren Anschläge mehr gab, waren die Kosten insbesondere für die Vorbereitungen enorm. Es ist leider denkbar, dass andere Krankheitserreger, die ein höheres Epidemiepotenzial haben, ebenfalls für missbräuchliche Zwecke verwendet werden könnten. Krankheitserreger wie zum Beispiel das Virus der Spanischen Grippe von 1918, das mehrere Millionen Todesopfer gefordert hat, wurde in einem Laboratorium nachgebaut [24]. Die Übertragbarkeit von Mensch zu Mensch eines anderen Influenza-Virus (des für den Menschen gefährlichen aviären H5N1-Influenza-A-Virus) wurde mutmaßlich gesteigert [25]. Sollte ein solches Virus tatsächlich freigesetzt werden, wird deutlich, wie katastrophal ihre Verbreitung sein könnte. Selbstverständlich können nicht alle Viren oder Bakterien ein solch großes Schadensausmaß verursachen, aber auch sie könnten so modifiziert werden, dass sie weit gefährlicher sind als im natürlichen Zustand.

Die Verbreitung könnte unabsichtlich durch einen Zwischen- oder Unfall geschehen. Es könnte aber auch sein, dass Akteure versuchen, mithilfe veröffentlichter Daten die Experimente nachzuvollziehen und die Viren willentlich freisetzen. Deshalb gilt es, das Bewusstsein insbesondere in der Forschung für das Missbrauchspotenzial des Wissens, der Methodik oder der Materialien an sich (Geräte, Ausrüstungsgegenstände, Mikroorganismen) zu fördern. Eine Liste besonders kritischer Experimente wurde in dem Bericht des NRC (National Research Council) aus dem Jahr 2004 [26] erstellt (‚Fink Report'). Es handelt sich dabei um die folgenden Experimente, die:

- aufzeigen können, wie ein Impfstoff unwirksam gemacht werden kann,
- Resistenz gegenüber Antibiotika und antivirale Mittel mit therapeutischem Nutzen erzeugen können,
- die Virulenz eines Pathogens steigern oder Virulenz bei einem nicht pathogenen Erreger erzeugen können,
- die Übertragbarkeit eines Pathogens steigern können,
- das Wirtsspektrum eines Pathogens verändern können,
- die Umgehung von Modalitäten zu Diagnose/Nachweis ermöglichen können,
- die Umwandlung zur Waffe eines biologischen Wirkstoffs oder eines biologischen Toxins ermöglichen können.

In dem Dokument der Schweizerischen Akademien [27] werden sechs Schritte, wie das Risiko von DURC eingeschätzt und minimiert werden kann, vorgeschlagen:

- sich des Missbrauchspotenzial bewusst sein,
- das Missbrauchspotenzial einschätzen,
- sichere Strategien entwickeln und umsetzen,
- sorgsam mit unerwarteten Ergebnissen umgehen,
- Ergebnisse verantwortungsvoll kommunizieren,
- die Ausbildung fördern.

In Abwesenheit einschlägiger gesetzlicher Bestimmungen obliegt es jedoch jeder Forschungseinrichtung selbst, ihre eigene Strategie im Umgang mit DURC festzulegen.

Transport von infektiösem Material 5

Infektiöses Material wird aus verschiedenen Gründen innerhalb eines Landes oder zwischen den Ländern transportiert. Zum Beispiel werden im Rahmen von internationalen Forschungsprojekten (Blut- und Gewebeproben, Virus-, Bakterien- und Pilzstämme, Plasmide oder andere biologische Materialien) ausgetauscht. Im Rahmen der Bestätigungsdiagnostik durch nationale oder internationale Referenzlaboratorien werden diagnostische Proben und Referenzstämme ausgetauscht. Im Zuge der Transporte ist die klare Zuteilung der Verantwortlichkeiten sowie der sichere Transport durch geeignete Verpackung und Transportwege sehr wichtig. Entsprechend diesen Regelungen bestehen in vielen Ländern nationale Gesetze, die jeweils zu berücksichtigen sind. Eine harmonisierte und detaillierte Darstellung zu der Regelung und der fachgerechten Verpackung findet sich in den Empfehlungen der Weltgesundheitsorganisation WHO [20].

© Springer Fachmedien Wiesbaden GmbH, ein Teil von Springer Nature 2018   37
T. Binz, *Biologische Sicherheit im Labor,* essentials,
https://doi.org/10.1007/978-3-658-22895-8_5

Was Sie aus diesem *essential* mitnehmen können

- Eine klare Vorstellung über die Konzepte der biologischen Sicherheit einschließlich anschaulicher Beispiele zur Risikobewertung,
- einen Überblick über die einschlägigen europäischen gesetzlichen Grundlagen,
- einen Überblick über praxisorientierte Hilfsmittel bei der Umsetzung der biologischen Sicherheit im Labor.

© Springer Fachmedien Wiesbaden GmbH, ein Teil von Springer Nature 2018

39

T. Binz, *Biologische Sicherheit im Labor,* essentials,
https://doi.org/10.1007/978-3-658-22895-8

Schlussbemerkung

Ich freue mich, Ihnen einen Überblick über das Konzept der biologischen Sicherheit in die Hand zu geben, der Sie beim Umgang mit den rechtlichen Rahmenbedingungen unterstützen und Sie mit einigen der bekanntesten und häufig verwendeten Hilfsmitteln vertraut machen soll. Ebenfalls soll er Ihnen bei der konkreten Arbeit im Labor behilflich sein. Ich hoffe, dass er sich für Sie als nützlich erweist und Ihnen das Verständnis der Grundlagen der Biosicherheit erleichtert.

© Springer Fachmedien Wiesbaden GmbH, ein Teil von Springer Nature 2018   41
T. Binz, *Biologische Sicherheit im Labor,* essentials,
https://doi.org/10.1007/978-3-658-22895-8

Literatur

1. World Health Organization (2004) Laboratory Biosafety Manual. WHO, Genf
2. Hof H, Dörries R (2014) Medizinische Mikrobiologie. Thieme, Stuttgart
3. Kayser FH, Bienz KA, Eckert JE, Zinkernagel RM (1998) Medizinische Mikrobiologie. Thieme, Stuttgart
4. Institute of Pathogen Biology, Beijing (2003) Virulence factors of pathogenic bacteria. http://www.mgc.ac.cn/VFs/main.htm. Zugegriffen: 11. Mai 2018.
5. Europäische Gemeinschaft (2009) Richtlinie 2009/41/EG des europäischen Parlaments und des Rates vom 6. Mai 2009 über die Anwendung genetisch veränderter Mikroorganismen in geschlossenen Systemen. Amtsblatt der Europäischen Union 52:75–97
6. Europäische Gemeinschaft (2000) Richtlinie 2000/54/EG des Europäischen Parlaments und des Rates vom 18. September 2000 über den Schutz der Arbeitnehmer gegen Gefährdung durch biologische Arbeitsstoffe bei der Arbeit. Amtsblatt der Europäischen Gemeinschaften 43:21–45
7. Human Pathogens and Toxins Act (HPTA), Canada (2009). http://lois-laws.justice.gc.ca/PDF/H-5.67.pdf
8. Berufsgenossenschaft Rohstoffe und chemische Industrie (2014) Gestis Biostoffdatenbank, Gefahrstoffinformationssystem der Deutschen Gesetzlichen Unfallversicherung. http://www.dguv.de/ifa/gestis/gestis-biostoffdatenbank/index.jsp. Zugegriffen: 19. Jan. 2018
9. Bundesanstalt für Arbeitsschutz und Arbeitsmedizin (1998) Technische Regeln für Biologische Arbeitsstoffe (TRBA). TRBA 460, 461, 462, 466. https://www.baua.de/DE/Angebote/Rechtstexte-und-Technische-Regeln/Regelwerk/TRBA/TRBA.html. Zugegriffen: 11. Mai 2018
10. Bundesamt für Umwelt (2000) Vollzugshilfen Organismenlisten. https://www.bafu.admin.ch/bafu/de/home/themen/biotechnologie/fachinformationen/taetigkeiten-in-geschlossenen-systemen/geschlossene-systeme%5Fvollzugshilfen-fuer-den-umgang-mit-organis.html. Zugegriffen: 17. Okt. 2017
11. Government of Canada (2009) Pathogen Safety Data Sheets and Risk Assessment. https://www.canada.ca/en/public-health/services/laboratory-biosafety-biosecurity/pathogen-safety-data-sheets-risk-assessment.html. Zugegriffen: 12. Nov 2017
12. Center for Disease Control and Prevention CDC (2009) Biosafety in microbiological and biomedical laboratories. CDC, Atlanta

© Springer Fachmedien Wiesbaden GmbH, ein Teil von Springer Nature 2018
T. Binz, *Biologische Sicherheit im Labor*, essentials,
https://doi.org/10.1007/978-3-658-22895-8

13. Madigan MT, Martinko JM (2009) Brock Mikrobiologie. Pearson, München
14. nSchweizerisches Bundesrecht (2012) Verordnung über den Umgang mit Organismen in geschlossenen Systemen vom 12. Mai 2012. https://www.admin.ch/opc/de/classi-fied-compilation/20100803/index.html. Zugegriffen: 11. Mai 2018
15. Goldschmidt V, Ciuffi A, Ortiz M, Brawand D, Muñoz M, Kaessmann H, Telenti A (2008) Antiretroviral activity of ancestral TRIM5alpha. J Virol 82:2089–2096. https://doi.org/10.1128/JVI.01828-07
16. Berufsgenossenschaft Rohstoffe chemische Industrie BG RCI (2010) Laboratorien. Ausstattung und organisatorische Maßnahmen. BG RCI, Heidelberg
17. Government of Canada (2016) Canadian Biosafety Handbook. https://www.canada.ca/en/public-health/services/canadian-biosafety-standards-guidelines/handbook-se-cond-edition.html. Zugegriffen: 12. Nov 2017
18. Bundesamt für Umwelt (2008) Sicherheitskonzept nach ESV und SAMV für Labora-torien der Stufe 2. https://www.bafu.admin.ch/bafu/de/home/themen/biotechnologie/fachinformationen/taetigkeiten-in-geschlossenen-systemen/geschlossene-systeme-%5Fvollzugshilfen-fuer-den-umgang-mit-organis.html. Zugegriffen: 7. Feb. 2018
19. Public Health Security and Bioterrorism Preparedness and Response Act, USA (2002). https://www.gpo.gov/fdsys/pkg/STATUTE-116/pdf/STATUTE-116-Pg2322.pdf
20. World Health Organization (2017) Guidance on regulations for the transport of infec-tious substances, 2017–2018. WHO, Genf
21. Centre for Biosecurity and Biopreparedness (2015) An efficient and practical approach to biosecurity. Pekema, Dänemark
22. Société Française de Microbiologie (2014) Manuel de Sécurité et de Sûreté Biolo-giques. Paris
23. World Health Organization (2006) Biorisk Management: Laboratory Biosecurity Guidance. WHO, Genf
24. Tumpey TM, Basler CF, Aguilar PV, Zeng H, Solórzano A, Swayne DE, Cox NJ, Katz JM, Taubenberger JK, Palese P, García-Sastre A (2005) Characterization of the reconstructed 1918 Spanish influenza pandemic virus. Science 310:77–80. https://doi.org/10.1126/science.1119392
25. Herfst S, Schrauwen EJ, Linster M, Chutinimitkul S, de Wit E, Munster VJ, Sorrell EM, Munster VJ, Bestebroer TM, Burke DF, Smith DJ, Rimmelzwaan GF, Osterhaus AD, Fouchier RA (2012) Airborne transmission of influenza A/H5N1 virus between ferrets. Science 336:1534–1541. https://doi.org/10.1126/science.1213362
26. National Research Council (2004) Biotechnology in an Age of Terrorism. National Academies Press, USA
27. Oeschger F, Jenal U (2017) Missbrauchspotential und Biosecurity in der biologischen Forschung. Swiss Academies Reports 12:1–38